妙妙喵圖解生活科學
1

消失的便便

文／胡妙芬

圖／朱家鈺、呼拉王

作者的話

在古代，科學就是哲學，是窮究萬事萬物真理的學問。不過對大部分人來說，不管是科學或是哲學，聽起來都有點莫測高深，有點令人望之生畏、難以親近的感覺。但是事實上，我們的生活裡到處都是科學，煮飯是科學，玩具中有科學，日夜變化是科學，自然萬象也都是科學。所以在日復一日的生活場景中，年幼的孩子們，怎麼可能不問科學的問題呢？純真好奇的他們，又怎麼可能不想知道這些科學現象背後的原理？這也就是為什麼，1934 年《十萬個為什麼》從蘇聯作家伊利亞·雅科甫列維奇·馬爾夏克的作品翻譯成中文以後，歷經近百年，不斷被改寫、擴充，直到現在仍受現代孩子的喜愛和歡迎。因為這是孩子們的需要，符合人類好奇求知的天性。

當然，這一套【妙妙喵圖解生活科學】並不只是十萬個為什麼，作者為了引發孩子的閱讀興趣，把科學學習「故事化」，設計出妙妙喵與跳跳蟲這兩個故事角色；並把科學內容「圖像化」，用故事與圖像生動、活潑的展現在孩子眼前。所以，在每個單元一開始，會有一頁簡單的漫畫先營造一個學習場景，等到好奇的小讀者跟著跳跳蟲一起提出問題時，後面的跨頁再加以引導，用一目了然的解說圖、剖面圖或流程圖，循序漸進的給出解答。在這個講究圖像學習的時代，複雜難解的科學內容，透過清楚、生動的圖畫解說，比起只用文字說明，解說性來得更強，也更容易消化。尤其對於文字閱讀還有點「卡卡」的小讀者，也可以輕鬆的透過讀圖，掌握作者想要表達的科學知識。

最後，並不是每個讀了妙妙喵的小朋友，以後都要當上科學家（作者自己也不是啊）。作者只希望在孩子們幼小的心田裡，播下一

些奇妙的種子，這些種子會長成「好奇」的樹，會開「樂趣」的花，讓人能夠時時加以欣賞，原來在我們看似平淡無奇的日常生活中，其實藏著這麼多豐富的內容，等待我們去追尋，只要我們肯挖掘，生活裡其實充滿有趣的祕密。

角色介紹

妙妙喵

一隻奇妙的母貓，來自智多星。喜歡戴頂帽子，最愛回答問題。換算成人類的歲數，正是三十歲當媽媽的年紀。經常下廚煮飯，餵飽跳跳蟲的肚子；也經常上網查資料，餵飽跳跳蟲的好奇心。目前和跳跳蟲住在一起，計劃等跳跳蟲長大以後，回到智多星學習更多科學與科技。

跳跳蟲

手臂長個子小，頭兒尖尖沒有腰。不是壞蟲，也不是跳蚤。最喜歡黏著妙妙喵，老想有一天能把妙妙喵問倒。平常調皮、愛熱鬧。偶爾闖禍，但事後一定會說對不起。只要好奇心發作，就一定打破砂鍋問到底。

目 錄

妙妙喵與跳跳蟲小劇場

自然萬象

溫泉哪裡來？

溫泉的熱水是從哪裡來的？

溫泉水是從地底下冒出來的。如果潛入溫泉的水裡仔細找，就會看到溫泉的熱水，從地底的小洞或隙縫流出來。

> 走！我帶你潛入溫泉裡。

> 冒泡泡了。

抽水機

天然溫泉的溫度都不一樣。有些溫泉的水是溫的；也有些溫泉很燙，一定要加入冷水才能泡。

溫泉旅館

水管

為什麼地底下會冒出熱水呢？

我們腳下踩的地面是涼的，但其實很深的地下有滾燙的岩漿。如果有地下水被岩漿煮熱，再沿著地底的隙縫或孔洞衝出地面，就會形成熱呼呼的溫泉了！

1 雨水降落地面，流進地底下，就變成「地下水」。

2 地下水被岩漿煮熱，變成熱水或水蒸氣。

4 衝出地面，
變成溫泉或噴泉！

3 熱水或水蒸氣沿
著岩石的裂縫往
上衝。

化石是怎麼來的？

化石是什麼？

化石是古代的恐龍或其他生物變成的。牠們死掉以後被埋進深深的地底下，慢慢的就可能形成「化石」。

原來化石是從地底下挖出來的。

猜一猜，恐龍的化石為什麼只剩骨頭？

❶ 皮和肉被其他動物吃掉了。

❷ 皮和肉被細菌分解掉了。

❸ 皮和肉被火燒光光了。

正確答案：❶❷

原先的皮和肉被吃掉或被分解掉了

恐龍死亡以後，屍體就變成其他小動物現成的大餐，包括皮膚、肌肉和內臟，都有可能被吃掉。而小動物吃剩的部分，也可能被細菌或黴菌分解掉，慢慢的腐爛、發臭，然後消失不見，最後會剩下骨頭，再經過漫長時間形成化石。

化石形成的過程

1 恐龍或動物剛死掉的時候，身體很完整。

2 有些小動物會吃恐龍的肉，細菌和黴菌也會分解他們的皮膚與肉。剩下硬硬的牙齒、指甲和骨頭。

不只是大恐龍，其他動物、植物和小生物也都會形成化石。

3 骨頭被土埋起來。

4 越埋越深，埋進很深的地底下。

5 經過幾十萬甚至幾百萬年的時間，骨頭慢慢變成「石頭」，就形成化石了。

找找看，從入口到出口，你找到幾種化石呢？

化石的種類有哪些？

入口

腳印化石
恐龍踩在泥巴上的腳印乾掉、變硬以後，有可能變成化石。

骨頭化石

牙齒化石

腳爪化石
骨頭、牙齒和爪子很硬，是動物最容易形成化石的地方。

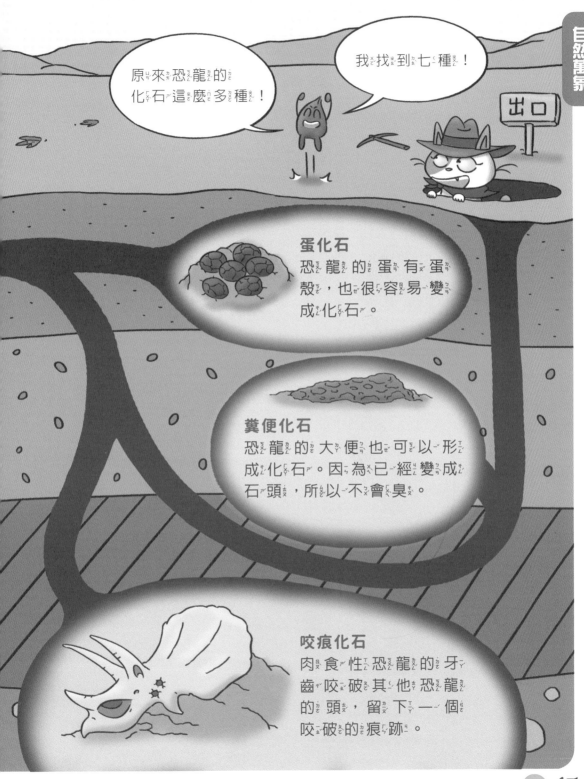

原來恐龍的化石這麼多種！

我找到七種！

出口

蛋化石
恐龍的蛋有蛋殼，也很容易變成化石。

糞便化石
恐龍的大便也可以形成化石。因為已經變成石頭，所以不會臭。

咬痕化石
肉食性恐龍的牙齒咬破其他恐龍的頭，留下一個咬破的痕跡。

世界上最冷的地方

哪裡是世界上最冷的地方

一般來說，「極區」是地球上最冷的地區，包括北半球的「北極」，和南半球的「南極」。

我們住的臺灣在熱帶和溫帶之間！

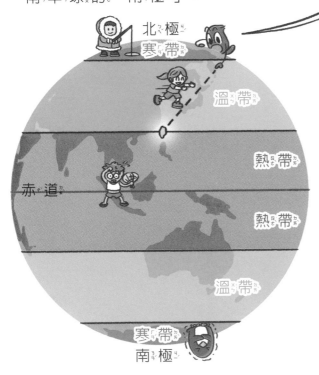

北極
寒帶
溫帶
熱帶
赤道
熱帶
溫帶
寒帶
南極

熱帶
白天的太陽總是直接照射在赤道附近，所以特別炎熱。

溫帶
位在熱帶和寒帶之間，所以氣候溫和。

寒帶
太陽只能斜斜照射南、北極圈，所以特別寒冷。

猜猜看，南極還是北極比較冷？

❶ 北極，因為北極熊的毛比較厚。

❷ 南極，因為企鵝長得比較可愛。

❸ 南極，因為南極是空曠的陸地。

❸：案答確正

南極比北極更寒冷

北極是一大片冰層浮在海水上。但是南極是整片高聳的陸地，所以南極才是世界上最冷的地方。

北極熊

北極燕鷗

北極
最低溫
零下 68°C

南極
最低溫
零下 89°C

南極圈比北極圈冷很多，目前只有少數的研究人員會住在南極圈。

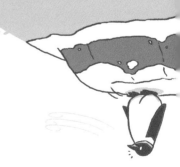

北極狐

海象

北極的海叫做「北冰洋」或「北極海」。北極海被陸地包圍，但是海水不會結冰，可以幫北極保持溫暖。

北極圈比較溫暖，有人類和許多動物在北極圈生活。

南極大陸的中央只有陸地。陸地像山一樣高，平均高度有2000公尺，所以比平地寒冷，也比海水寒冷。

比南、北極溫暖多了。

哇，冰箱冷凍庫是零下二十度。

冬天的北極

北極這麼冷，這裡的冬天會發生什麼事呢？

走，我們一起去看看吧！

馬路都結冰了，車子打滑很危險。

食物不用放進冰箱，因為放在戶外就會結冰。

市場很少賣青菜，以賣魚和肉為主。因為天氣太冷，不能種青菜。

車子不能停戶外，因為太冷了，車子可能發不動。

口水、鼻涕或汗水都可能會結冰。眼睛、嘴巴呼出來的熱氣，也可能使鬍子和睫毛結冰。

北極雖然很冷，還是可能有蚊子。

真是太有趣了！

原來北極的生活是這樣啊！

GOAL

為什麼天空有彩虹？

彩虹在什麼時候出現呢？

彩虹是「陽光」和「小水滴」一起合作，才能產生的傑作。所以，剛下過雨又出太陽的天氣，最容易出現彩虹了。

下過雨的天空很乾淨，沒有灰塵又飄浮著許多小水滴，最容易出現彩虹。

我們一起合作製造彩虹吧！

好啊！

寫寫看，彩虹顏色怎麼排？

靛	紅	黃	紫	橙	藍	綠
	1					

陽光和水滴怎麼製造出彩虹？

陽光本來看起來是白色的，但是經過小水滴後，陽光會被水滴分散成彩色的光線，叫做「色光」。彩虹主要由紅、橙、黃、綠、藍、靛、紫七種色光所組成。

陽光裡藏著七彩的色光。當所有的色光走在一起時，看起來是白色。

但是當色光分開，就會呈現不同的顏色。

2 進入水滴時，光線會轉彎。但是有的色光轉得多，有的轉得少，所以分散開來變成彩色。

1 原本陽光的光線看起來是白色的。

3 光線在水滴裡反彈後，會繼續前進，稱為「反射」。

4 光線離開水滴前，又轉彎一次，各種色光分開更明顯，就變成彩虹了。

背對陽光朝空中噴水，也能製造彩虹喔！

哇！我也要玩～

為什麼天空有彩虹？　**27**

光線的色彩魔法

當光線照射到東西的表面時，有些色光會被吸收，有些色光會被反射。當被反射的色光進入我們的眼睛時，我們看到的東西就會呈現那個顏色。

只有紅光反射進入人的眼睛，所以花朵看起來是紅色的。

所有色光都被吸收，沒有色光進入人的眼睛，所以花瓶看起來是黑色的。

所有顏色都是不同的色光反射而來的。

原來如此，色彩魔法太神奇了！

只有綠光反射進入人的眼睛，所以葉子看起來是綠色的。

啊，我們被吸收掉了！

天空爲什麼會下雨？

雨是從哪裡來的？

雨滴是從雲裡來的。雲裡的小水滴集合在一起，掉到地上，就變成了雨。

3 許多小水滴加在一起，變成大水滴。

2 水蒸氣遇到冷空氣，凝結成小水滴，就變成雲。

4 大水滴越來越重，開始往下掉。

1 空氣裡的水蒸氣變熱時會往上飄。

變成雨滴了！

掉到地面的雨滴去哪裡了？

雲裡有小水滴也有冰晶。水滴掉到地面變成雨；如果天氣太冷，冰晶下到地面時沒有融化就會變成雪。掉到地面的水蒸發後，再變成水蒸氣，重新飛回空中。

雪融化成水，流進土壤、河流或大海中。

有些雨水滲進地下岩層裡，變成地下水。

有些雨水流進土壤裡，被植物的根吸收，水分再從葉子蒸發，變成水蒸氣飛回空氣中。

地球的水變成冰或水蒸氣，冰或水蒸氣又變成水，在天上和地面之間不斷變化，不會消失，就叫做「水循環」。

水蒸氣在高空中遇到冷空氣，又重新凝結成雲。

雨水流進水溝，從水溝流進河流，再從河流流到大海。

地面或海面的水被太陽晒熱，變成水蒸氣飄回空中。

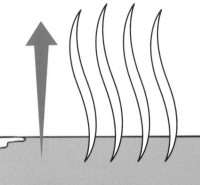

下雨了，好安靜，大家都跑去躲雨了嗎？

天空為什麼會下雨？

動物都跑去躲雨了嗎？

下雨時，雖然大部分的人和動物都去躲雨了，但是有些動物反而會趁著下雨天出來活動。

下雨天真有意思！

許多水鳥不怕下雨，牠們的尾部會分泌油脂，用嘴巴把油抹在羽毛就能防水。

蝸牛要分泌溼溼的黏液才能爬行，下雨天比較方便牠們活動。

青蛙的皮膚必須保持溼潤，才不會乾死，所以牠們喜歡下雨天。

小動物的毛或羽毛如果溼透了，身體會變冷，很容易生病。

燕子喜歡在小雨中，抓被雨打中而飛不動的昆蟲來吃。

有些昆蟲的翅膀很薄，如果滴到雨，兩對翅膀就會被水黏在一起，飛不起來。

啊丫，水甩到我啦～

動物植物

01 樹葉為什麼變黃色？

為什麼樹葉變色了？

許多樹木一整年都是綠色的。可是有些樹不一樣！一到秋天，它們的葉子就會變成黃色、橘色或紅色，這是因為天氣要變冷了。

秋天時，樹葉會變黃或紅的樹叫做「落葉樹」。因為它們的樹葉不只會變色，進入冬天後還會掉光。

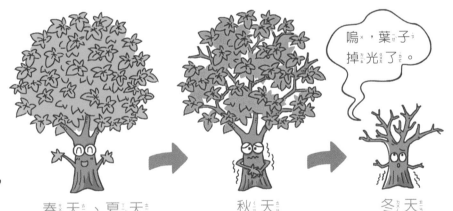

烏，葉子掉光了。

春天、夏天　　　秋天　　　冬天

葉子裡有不同顏色的「色素」。在平常，綠色的「葉綠素」最多，把黃、橘和紅色的色素都蓋住了，所以看起來是綠色的。

為什麼葉子會變黃、橘或紅色？

進入寒冷的冬天時，因為陽光和水分都減少，大樹會讓葉子掉落下來，免得更多珍貴的水分從葉子散失到空氣中。不過，在葉子掉落之前，聰明的大樹會分解、回收其中的葉綠素，免得掉在地上浪費掉了。這時，因為「葉綠素」消失了，葉子就會露出黃色、橘色或紅色色素的顏色。

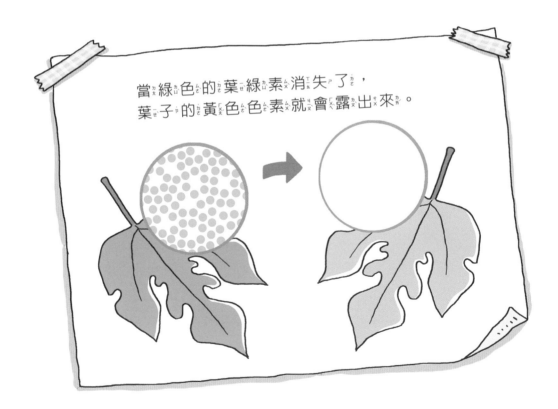

當綠色的葉綠素消失了，
葉子的黃色色素就會露出來。

有黃色又有橘
色色素的樹葉，
會轉變成橘黃色。

有紅色色素的樹葉，
會轉變成紅色。

好漂亮！
三種顏色
我都愛！

花為什麼有香味？

是誰幫花噴香水？

花兒的香味是花兒自己製造的，製造香味的工廠就在花瓣上，在我們看不見的「油細胞」裡。

油細胞
芳香油

油細胞會製造「芳香油」，芳香油飄進我們的鼻子裡，我們就會聞到花的香味。

有些植物的葉子、根、莖或果實，也有油細胞，所以這些地方也會發出特別的香味。

為什麼花兒要發出香味？

我來幫花兒傳花粉！

花兒發出香味，是為了吸引昆蟲來吸花蜜。

花蜜好甜，好好喝！

花粉很小，會趁昆蟲吸蜜時，沾在昆蟲身上。

昆蟲會順便幫花把花粉傳到另一朵花上面，而花粉會長出一根管子。

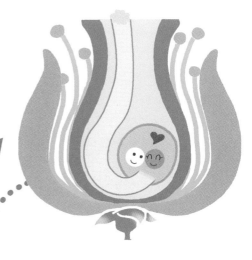

這根管子會慢慢通到花心裡，讓花爸爸的精子可以進入花心裡，和花媽媽的卵子相遇。

精子和卵子會結合在一起，就會變成種子寶寶。

種子會慢慢長大，花兒也慢慢變成果實。成熟的種子掉進土裡，就會長成新的植物小寶寶。

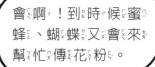

會啊！到時候蜜蜂、蝴蝶又會來幫忙傳花粉。

等植物長大，還會散發出香味嗎？

大樹的年齡怎麼算？

樹木的年齡很難計算。但有些樹木有「年輪」，可以算出大樹幾歲了。

年輪

代表一歲

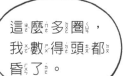

年輪藏在樹幹裡。每一圈深色圈加一圈淺色圈就代表一歲。數數看年輪有幾圈，就可以知道大樹幾歲了。

這麼多圈，我數得頭都昏了。

想想看，為什麼年輪會一圈深、一圈淺？

❶ 因為這樣比較漂亮。

❷ 因為被施了魔法。

❸ 因為有冷熱季節的變化。

正確答案：❸

年輪有深淺是因為季節的變化

春天和夏天很溫暖，大樹長胖比較快。秋天和冬天比較冷，大樹長胖比較慢。一年有四季變化，就是造成年輪有深有淺的祕密。

> 我們把樹幹放大看一看，你就會知道了。

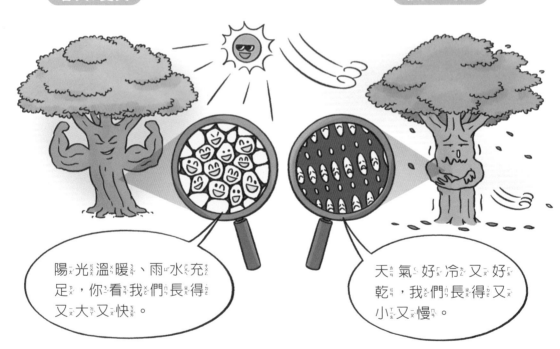

春天、夏天

秋天、冬天

> 陽光溫暖、雨水充足，你看我們長得又大又快。

> 天氣好冷又好乾，我們長得又小又慢。

樹幹是由微小的「細胞」組成的，我們用眼睛看不見，但是樹幹不斷長出新的細胞，就會變粗。

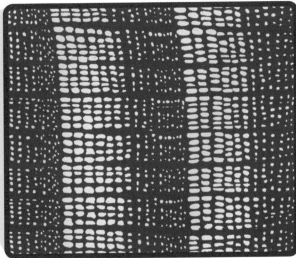

一年有春夏秋冬，所以一圈深加一圈淺的年輪代表一歲！我懂了！

跳跳蟲好棒！

年輪

春天和夏天的細胞長得快，所以細胞大、顏色淺；秋天和冬天的細胞長得慢，所以細胞小、顏色深。

選選看，榕樹的氣根會不斷變長嗎？

❶ 會，還會長到拖在地板上。

❷ 不會，只會長到地面。

❸ 不會，它們會自動斷掉。

正確答案：2

榕樹氣根長到地面變柱子

榕樹的氣根本來又細又長，但是長到地面以後，就會鑽進土裡吸收水分和養分，慢慢長得像柱子一樣。

植物的根是長在土裡，只有氣根是長在空氣中，所以又叫做「氣生根」。

1
初生的榕樹沒有氣根。

2
榕樹慢慢長出氣根來。

3
氣根的尖端是白色的，會幫忙吸收空氣中的水分。

變粗的氣根能幫忙支撐榕樹的身體。所以榕樹可以長得很大，也不怕倒下來。

妙妙喵的鬍子也會變柱子嗎？

才不會呢！

4

氣根長到地面以後，就會鑽進土裡，吸收養分。

5

氣根有足夠的養分，就會開始變粗，像柱子一樣。

生活日常

大便去哪裡?

便便會被沖去哪裡？

便便是被馬桶沖走，不是吃掉！

在我們看不見的馬桶底下，藏著一個彎曲的管子，管子的形狀像英文字母「U」。

沖水了，嘩！我被沖進U形管了。

準備去旅行啦！

U 形管

沖水時，便便會被水用力的沖進U形管。

接著沖出 U 形管，就離開馬桶，展開「變乾淨」的祕密旅行。

我離開 U 形管了，馬桶Bye - Bye。

便便的旅行

我被沖進管子裡，要去找便便好朋友了！

第 **1** 站：
進入糞管

馬桶底下接著「糞管」。糞管通常藏在地板裡。

嗨！

你好！

第 **2** 站：便便集合
每層樓的糞管會相連，讓所有便便集合在一起，準備流到下一站「化糞池」。

細菌

我們是細菌，會幫忙分解便便。

我們變乾淨了，不會臭了！

水滴

便便變乾淨，才可以排進水溝或河流裡。

便便不髒也不臭了，太棒了！

第3站：
在「化糞池」變乾淨
化糞池通常在房子底下或地底下。化糞池裡有很多細菌，幫忙把臭臭的糞便分解成乾淨的空氣、水和其他液體。

第4站：
排進水溝或河流

胖嘟嘟的零食包

為什麼有些零食包會膨膨大大的？

這種零食包裡充了氣，壓也壓不扁，這樣才能保護裡面香脆的零食，不會被壓碎。

有充氣　　　　　　　沒充氣

充氣的包裝可以保護零食不被壓碎，特別適合又薄又脆的零食，像是洋芋片或脆餅。

這樣零食就不會壓碎了。

好棒！

胖嘟嘟的零食包　59

為什麼有的零食包又瘦又扁？

又瘦又扁的零食包，叫做「真空包」。因為它的空氣全部被抽光，所以裡面沒有氧氣，就能保持食物新鮮。

細菌需要氧氣才會生長，所以包裝袋裡沒有氧氣，食物就不容易長細菌。

有氧氣

細菌太多，我們食物很快就壞掉了。

沒氧氣

做成真空包的零食，要不怕被壓扁，所以豆干、鐵蛋、肉乾這一類的零食，適合做成真空包裝。

哈哈！沒有細菌，我們食物可以保持新鮮。

這些點心，我統統都要帶！

爲什麼要戴游泳圈？

為什麼人要用游泳圈？

貓、狗、大象和許多動物天生就會游泳，可是人類不行。所以，還沒學會游泳的人，就要戴上游泳圈，才能夠安全的浮在水面上。

游泳圈要先吹氣或打氣，在水裡才會浮起來。

裝滿空氣的游泳圈，浮力會變大，可以幫助我們浮著。

如果游泳圈漏氣，浮力就會變小，我們就會下沉。

讓東西浮起來的力量，叫做「浮力」。

玩水為何要穿泳裝？

摸摸看，泳裝和一般的衣服是不是不一樣？因為泳裝很光滑又有彈性，穿上泳裝游泳，比較安全。

一般的衣服不適合游泳喔！

泳裝有彈性，手腳可以自由的擺動。

一般的衣服較沒有彈性，手腳容易卡住，不適合游泳。

一般的衣服較寬鬆，在水裡會亂漂，甚至被水沖走。

萬一亂漂的衣服勾住東西，游泳會發生危險。

一般的衣服吸水以後會變重，游久了會沒力氣。

泳裝的布料光滑，在水裡游泳很順暢。

也可以保持輕鬆喔！

為什麼要戴游泳圈？ **65**

蠟燭裡面為什麼都有一條線？

蠟燭裡的線，名字叫「燭芯」。蠟燭如果沒有燭芯，是燒不起來的。有燭芯的蠟燭，點火就能燃燒。

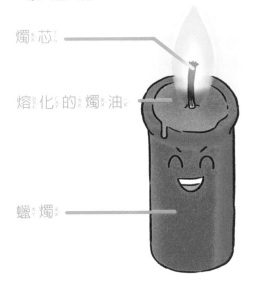

燭芯

熔化的燭油

蠟燭

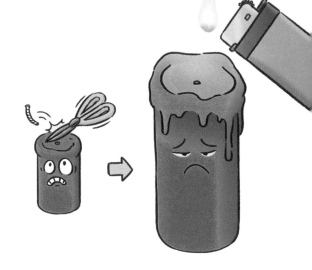

有燭芯的蠟燭

蠟燭點火會熔化成燭油。燭油很燙，但是涼了又會凝固變硬。

沒有燭芯的蠟燭

沒有燭芯的蠟燭，只會熔化，不會燃燒。

想一想，為什麼燭芯這麼重要？

❶ 因為燭芯很貴。

❷ 因為燭芯會吸燭油。

❷：案答確正

燭芯會吸燭油

燭芯通常是棉線做成的，非常適合用來吸收燭油。當燭芯吸收的燭油被火燒得更熱時，燭油會受熱變成「蠟蒸氣」，從燭芯往上飛，而且繼續不斷的燃燒，所以蠟蒸氣才是蠟燭可以燒個不停的祕密武器。

水加熱後會變成水蒸氣，燭油加熱就變成「蠟蒸氣」對不對？

跳跳蟲好棒！

燭芯

蠟

1 新蠟燭的燭芯上，裹著一層薄薄的蠟。

2 點火的時候，熱熱的火把燭芯外面的蠟先熔化成燭油。

3 燭油變得越來越熱以後，變成「蠟蒸氣」。

4 拿開火源以後，蠟蒸氣能讓火繼續燃燒。而且燭芯下面的蠟燭，也會熔化成燭油。

5 燭油被燭芯吸進火焰裡，繼續變成蠟蒸氣，蠟燭就會燒個不停了。

猜猜看，為什麼會吹不熄蠟燭？

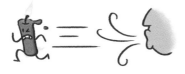

❶ 因為蠟燭不想熄滅。

❷ 因為吹的力氣太小了。

❷：案答確正

蠟燭為什麼吹不熄？　69

吹熄蠟燭要用力

吹蠟燭要用力，風夠大才能讓蠟燭熄滅。

1 蠟燭燃燒要夠熱，燭油才能一直變成蠟蒸氣，火焰才能一直燒。

2 嘴巴吹出來的風，把蠟蒸氣吹走了，火焰會變小。

原來是我吹的力氣太小了！

如果吹蠟燭的力氣，沒辦法把蠟蒸氣吹光，蠟燭就會繼續燃燒。

3 嘴巴吹出來的涼風，也會讓火焰變涼，火焰就熄掉了。

剛熄滅的燭芯還有點熱，
能再把燭油變成蠟蒸氣。
所以剛熄滅的蠟燭飄出的
白煙，就是蠟蒸氣。

蠟蒸氣 ——

我幫你
一起吹
吧！

我可以自己做錢嗎？

真錢有什麼祕密？

真正的錢是由國家的中央銀行統一製作而成，自己做的「假錢」不可以使用。

為了避免被模仿，真錢上藏著許多小祕密喔！

摸摸看
100 有什麼不一樣？

比比看
正面看、背面看和對著光看，梅花的圖案會有什麼不同？

照一照
對著光線照著看，空白處藏著什麼圖案？

④⑤ 轉一轉
轉動鈔票，紫色的 100 和五段亮晶晶的短線會變成什麼顏色？

⑥ 放大看
拿起放大鏡看一看，細線裡藏著什麼？

⑦ 放平看
把錢拿到眼睛前面轉成水平的方向，壹佰圓下面出現了什麼？

① 100 和壹佰圓凸起來

印真鈔的版子能壓出凸凸的100。左下角的 100 和右下角的壹佰圓也一樣。而大部分假鈔只能印平的。

LW920307DT

② 正反面的梅花位置一樣

梅花的正、反面位置剛好一樣。透著光看時可以重疊出不同的樣子。

正面看　　反面看　　透光看

③ 出現 100 和梅花圖案

透光時，紙張薄的地方比較亮，厚的地方比較暗；利用厚薄的差別，能做出神祕的水紋圖案。

不透光看　　　透光看

真錢、假錢

100 中華
MX477564FL 中央
樣張
100
中央印製廠

④ 紫色的 100 變綠色

這裡的 100 是用變色油墨印成的，用不同角度看會變成不同的顏色。

正著看

斜著看

⑤ 會變色的線

五段亮晶晶的短線會從紫色變綠色。對著光看時還會發現，五段短線連成一整條藏在裡面，並有100字樣在上頭。

正著看　斜著看　透光看

不一樣！

⑥ 英文字藏在線裡面

用放大鏡能看到用英文字寫成的「中華民國」——THE REPUBLIC OF CHINA。沒有字或看起來很模糊就是假錢。

放大看

⑦ 神祕的隱藏字

隱藏字要在眼前幾乎放平才看得到，這種設計很特別，很難造假。

正著看

放平看

我看到了！是100！

走！我們到提款機去領錢吧！

提款機為什麼可以領錢？

我們必須先把錢存進銀行裡，才能用提款機領錢。

電腦

提款卡插入口

取錢的出口

電腦按鍵

放錢的櫃子

中華郵政
自動櫃員機
ATM

我帶你做一次，你就會知道了！

密碼是重要的祕密，你不可以看！

1 插入提款卡。

2 輸入「密碼」，確認身分。只有提款卡的主人才知道密碼，以免錢被別人偷偷領走。

1000	10000
2000	20000
3000	30000
00	其他金額

3 在電腦上選擇「提款」的功能，輸入想要提領多少錢。

4 電腦確認以後，錢就會自動被送到取錢的出口。

買玩具的錢是辛苦賺來的，你要好好珍惜玩具喔！

一定會，謝謝你！

食物科學

爆米花是怎麼來的？

爆米花是用什麼東西做成的？

香香脆脆的爆米花，是用乾燥的玉米粒「爆」出來的。小小的玉米粒裡，藏著兩個小祕密，特別適合做成爆米花。

好多好好吃的爆米花！

玉米粒的祕密

1. 表面堅固，不透水

乾燥的玉米表皮很厚、很堅固，可以包住玉米裡的水分，讓水蒸氣沒辦法穿透過去。

2. 含有水分

玉米粒裡含有足夠的水分，只要不斷加熱，水分就會變成水蒸氣，向外膨脹、爆開。

乾燥的玉米為什麼會變成爆米花？

我把爆米花變成慢動作，你要仔細看喔。

玉米變爆米花的過程

1 玉米粒裡有硬硬的澱粉和水分。

澱粉
水分

2 開火加熱以後，水分慢慢變成水蒸氣。

3 水蒸氣被玉米的表皮包住，越積越多。原本硬硬的澱粉變軟了。

4 玉米的表皮像吹氣球一樣撐爆了，破了好幾個洞。

烤玉米為什麼不會變成爆米花？

玉米粒要晒乾或烘乾，才能做成爆米花。烤玉米是用新鮮的玉米烤的，它的表皮太軟，沒有辦法包住水氣，不會變成爆米花。

5

軟化的澱粉從小洞噴出來。

6

噴出來的澱粉遇到冷空氣，馬上凝固變硬，就變成奇形怪狀的爆米花了。

哈 哈！！

你看我的新髮型，美不美？

白色的爆炸頭，哈哈……

爆米花是怎麼來的？　**83**

吐司發霉了！

哇！吐司怎麼自己會動？

嘻嘻，是我在吐司下面啦！

這片吐司「長頭髮」了，很奇怪吧！

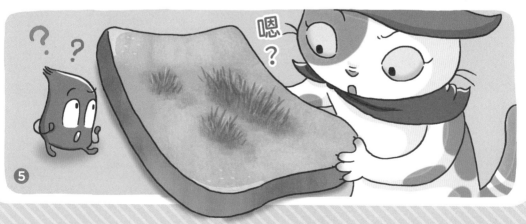

嗯？

麵包為什麼會發霉呢？

有一種微小的生物叫做「黴菌」。喜歡長在有水，又有食物可以吃的地方。所以水果、麵包如果放太久，上面就很容易長出黴菌，叫做「發霉」。

哈哈哈，那不是頭髮啦，是「發霉」！

發霉以後，就不能吃了。

真可惜！

黴菌不是動物也不是植物。它們很微小，是一種「微生物」。黴菌有紅、綠、黑、黃……好多不同的顏色。有的還會長出細細長長的絲，看起來像頭髮一樣。

黴菌是從哪裡來的？

黴菌是從「孢子」長出來的。黴菌的孢子在空氣中到處飄，只要飄到適合生長的地方，就會像種子一樣，開始發芽長大。

用放大鏡看吐司。

孢子被放大了耶！

1 孢子飄到吐司上，但是孢子很小，我們看不見。

2 吐司為孢子提供水和養分，孢子開始發芽了。

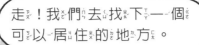

走！我們去找下一個可以居住的地方。

4 黴菌長大後，會製造「孢子」，孢子會飄進空氣中。

食物放越久，黴菌會越長越多。發霉的麵包或水果不能吃，吃了容易生病。

這種孢子，不是那種包子啦！

3 孢子長出細絲狀的身體，叫做「菌絲」。「菌絲」會伸進麵包裡面，吸收吐司的養分。

說到孢子，好想吃熱呼呼的包子。

食物爲什麼會壞掉？

原來是鮮奶壞掉了。

食物怎麼會臭酸？

食物會壞掉是「細菌」或「黴菌」在作怪。它們在食物裡越長越多，讓食物發臭或腐爛。

它們很小，放大才看得清楚。

細菌

黴菌

菌絲

細菌和黴菌生長時會發出怪味。它們會分解食物，讓食物腐爛。有一些還會製造毒素，讓人中毒、生病，或拉肚子。

猜猜看，如何讓食物保持新鮮？

❶ 把食物藏起來，不讓細菌和黴菌找到！

❷ 阻斷細菌或黴菌的生長。

答案：❷

食物為什麼會壞掉？

食物科學

89

避免細菌或黴菌越長越多，能幫助食物保鮮

利用聰明的方法，讓細菌、黴菌不要越長越多，就能讓食物保存比較久。

有哪些方法呢？

細菌和黴菌

冰箱的冷凍庫、冷藏庫很冷，讓細菌和黴菌無法生長。

好冷喔，動不了了！

1 又冷又冰的地方

不能呼吸，我快窒息了。

5 沒有氧氣的地方

罐頭或真空包裡沒有氧氣，使細菌和黴菌無法生長。

鮮奶以 72℃ 的高溫加熱 15 秒，就能殺死大部分的細菌。

細菌和黴菌喜歡潮溼的環境，把食物晒乾，它們缺水就無法生長。

不喜歡的環境

我被燙傷啦！

2 又熱又燙的地方

我快渴死了。

3 沒有水分的地方

我沒水了，活不了啦。

4 太鹹或太甜的地方

「醃漬」食品是在食物裡加很多糖或鹽，讓水從菌類的身體跑出去，它們就無法生長了。

冰箱是食物的家

> 找找看，雞蛋、魚、鮮奶、冰淇淋和蘋果在哪裡？

> 原來冰箱分那麼多層啊？

魚肉放在冷凍庫

魚和肉類容易腐壞，放在冷凍庫裡才能保存比較久。

鮮奶放在冷藏室

冷藏室的溫度不像冷凍庫那麼冷，適合放不能結冰或隨時要吃的食物。

蘋果放在蔬果保鮮室

冰箱越下層越不冷。新鮮蔬果放在太冷的地方會「凍傷」，所以適合放在最下層的蔬果保鮮室。

冷凍庫

解凍室

冷藏室

MILK

蔬果保鮮室

冰品放在冷凍庫

冷凍庫會結冰，是冰箱最冷的地方。冰棒和冰淇淋放在冷凍庫才不會融化。

雞蛋放在冰箱門

冰箱門經常被打開，溫度高高低低的，適合放雞蛋、醬料、汽水或其他不容易壞掉的東西。

冰箱門

我下次會記得把鮮奶放冰箱才不會壞。

跳跳蟲最棒了！

科技應用

插頭裡有什麼東西會電人呢？

電源插座或插了電的電線裡面，有我們看不見的「電流」。如果摸到電流，電流就會流過我們的身體，讓我們被電到。

插座裡的電，流進電線，再流進電器用品中，就能讓電器用品轉動。

電線的橡膠外皮可以擋住電流，摸了不會被電到，但如果電線有破洞，就可能會電到人。

電流是流動的電子

為什麼會被電到？　97

插座裡的電是從哪裡來？

我們去看電的旅程就知道了！

發電廠

1 「電」是在「發電廠」製造的。發電廠通常距離我們非常遙遠，需要用長長的電線，才能把電送到每個人的家裡。

2 電要先在變電所變成電力又強又大的「高壓電」，才能送到很遠的地方去。

變電所

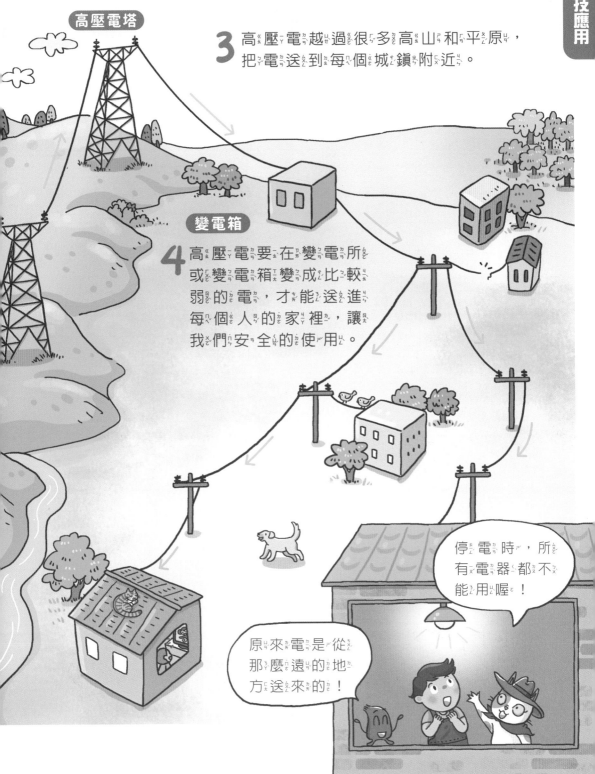

高壓電塔

3 高壓電越過很多高山和平原，把電送到每個城鎮附近。

變電箱

4 高壓電要在變電所或變電箱變成比較弱的電，才能送進每個人的家裡，讓我們安全的使用。

停電時，所有電器都不能用喔！

原來電是從那麼遠的地方送來的！

搭什麼車去旅行？

耶！要去旅行了，好開心！

1

跳跳蟲快下車，我們要去搭車子。

吱！

?!

2

3

我喜歡坐汽車。為什麼不自己開車呢？

4

這次要去的地方非常遠，自己開車很累……

5

去遠方旅行搭什麼車？

長途旅行可以搭巴士、高鐵或火車。它們的速度有的快、有的慢，可是都不需要自己開車，旅行可以比較輕鬆。

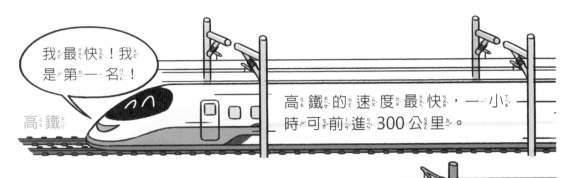

我最快！我是第一名！

高鐵

高鐵的速度最快，一小時可前進300公里。

火車的速度中等。最快的火車一小時可以前進130公里。

火車

巴士開太快很危險。所以在高速公路上一小時不能超過110公里。

巴士

猜一猜，為什麼高鐵和火車比較快？

❶ 因為它們不會塞車。

❷ 因為它們的身體強壯。

❸ 因為它們有很多輪子。

❶：案答的猜

高鐵和火車不會塞車

它們行走在鐵軌上，不像馬路會塞車，也沒有紅綠燈，所以速度可以很快，也很安全。

98無鉛汽油
95無鉛汽油
92無鉛汽油
每公升30元

巴士和汽車要加油才會動。

巴士和汽車行駛在馬路上；如果車子太多、有車子壞掉，或是出車禍，就會「塞車」。

車子快開了，趕快上車吧！

好好玩，我想坐火車！

汽車遇到火車或高鐵時，要停車先讓它們通過。

一般的馬路有紅綠燈，汽車或巴士常常要停下來。

台中

烏日

2 高速公路 FREEWAY

高速公路上沒有紅綠燈，但車子太多的時候，也會塞車。

坐著火車去旅行

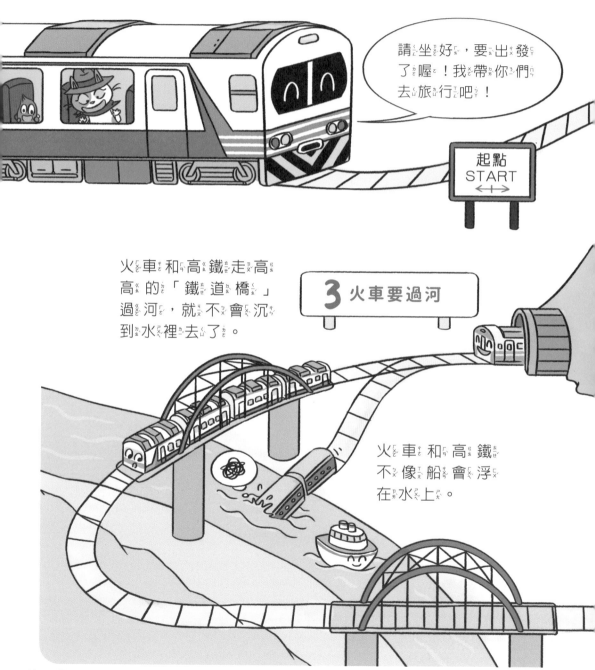

請坐好，要出發了喔！我帶你們去旅行吧！

起點
START
←→

火車和高鐵走高高的「鐵道橋」過河，就不會沉到水裡去了。

3 火車要過河

火車和高鐵不像船會浮在水上。

古代的火車是用火燒「煤」來使車子前進，所以叫「火車」。現代的火車大部分不燒煤了。

1 火車有「火」嗎？

現代的火車和高鐵是靠「電力」前進，它們的電來自鐵軌上方的電線。

火車和高鐵有很多節，所以重量特別重，不適合爬山。

火車或高鐵過「山洞」穿越高山，又快又輕鬆。

2 火車遇到山

到了！終於可以開心的去玩了！

終點
GOAL
←→

火車和高鐵很長，速度又很快，突然轉彎很容易翻車。

火車或高鐵轉彎時要減慢速度，就能安全的轉彎。

4 火車大轉彎

我可以飛到月亮去嗎？

可以帶我坐飛機去月亮嗎？

月亮的位置在外太空，飛機的力量不夠大，不能飛到外太空；人類是靠火箭和太空船飛到月亮去的。

飛機可以載著我們去旅行，但是只能在離地不遠的高空。

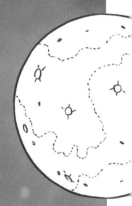

太空船

因為地球的「地心引力」會把所有的東西拉向地面。飛機的力量不夠大，無法掙脫地心引力，飛進太空。

想一想，到外太空或月亮上要穿哪一種衣服？

❶ 公主裝

好重！

❷ 太空衣

❸ 運動服

❷：案答確正

到月亮上要穿太空衣

外太空和月亮的環境跟我們居住的地球很不一樣，太空衣雖然很笨重，但是要穿上太空衣和太空裝備才能保護身體的安全。

月亮上沒有太陽時會冷到零下180℃，比冰塊還要冷。晒到太陽時會熱到130℃，身體像要燒起來一樣。

在外太空不穿太空衣的話，身體會因為沒有空氣壓力而膨脹，血液也可能會變得滾燙，使身體爆炸！

衣服裡有吸管和水袋可以喝水。

太空衣有很多層，能防止太冷、太熱和太空中危險的射線。

太空衣裡有尿布，可以直接尿尿。

太空鞋

背﹑包﹑裡﹑儲﹑存﹑著﹑空﹑氣﹑，讓﹑太﹑空﹑人﹑可﹑以﹑呼﹑吸﹑。

同﹑伴﹑可﹑以﹑聽﹑得﹑見﹑的﹑通﹑話﹑設﹑備﹑。

相﹑機﹑

頭﹑燈﹑

太﹑空﹑手﹑套﹑

月﹑亮﹑表﹑面﹑幾﹑乎﹑沒﹑有﹑空﹑氣﹑，人﹑在﹑月﹑亮﹑上﹑無﹑法﹑呼﹑吸﹑。

因﹑為﹑沒﹑有﹑空﹑氣﹑，聲﹑音﹑無﹑法﹑隨﹑著﹑空﹑氣﹑傳﹑遞﹑出﹑去﹑，所﹑以﹑在﹑月﹑亮﹑上﹑講﹑話﹑別﹑人﹑聽﹑不﹑見﹑。

在﹑地﹑球﹑上﹑ | 在﹑月﹑亮﹑上﹑

 30 KG

 5 KG

月﹑亮﹑的﹑月﹑心﹑引﹑力﹑比﹑地﹑球﹑的﹑地﹑心﹑引﹑力﹑小﹑很﹑多﹑，所﹑以﹑人﹑在﹑月﹑亮﹑上﹑量﹑體﹑重﹑會﹑變﹑輕﹑。而﹑且﹑輕﹑輕﹑一﹑蹬﹑，就﹑會﹑彈﹑得﹑很﹑高﹑。

準﹑備﹑好﹑了﹑嗎﹑？

火箭升空，飛向月球

1 火箭和太空船在發射架上，一切都準備好了，倒數十秒準備升空。

2 火箭載著很多的燃料，會噴出氣體和火焰，幫忙把太空船推向太空。

五、四、三、二、一！發射！

轟！

3

4 火箭的燃料用完以後，就要跟太空船分離，才能減輕太空船的重量。

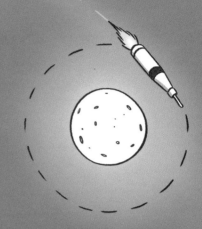

5 太空船花了四天時間、飛了38萬公里才到達月球。

6 太空人要改搭登月小艇降落在月球。

終於到達月球了！

糟了，我忘記去胖兔家怎麼走……

沒關係。打開GPS，它就會帶我們去！

前方路口兩百公尺處，向左轉。

還好有GPS帶路，胖兔家到了。

GPS 為什麼知道路？

因ヶ為ヾ在ヶ我ヾ們ヮ看ヶ不ヾ見ヵ的ヵ高ㄍ空ヮ中ㄓ，有ヱ「GPS 衛ㄨ星ㄒ」不ヾ停ㄧ的ヵ對ㄨ車ヵ上ヵ的ヵ導ヵ航ㄏ系ㄒ統ㄊ說ㄕ悄ㄑ悄ㄑ話ㄏ！

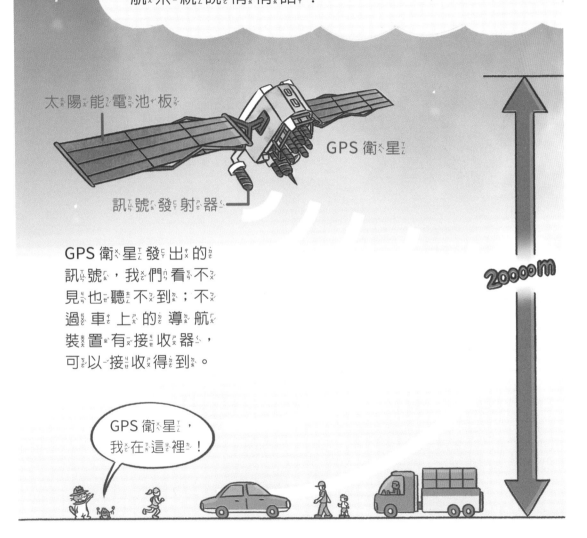

太ㄊ陽ㄧ能ㄋ電ヵ池ㄔ板ㄅ

GPS 衛ㄨ星ㄒ

訊ㄒ號ㄏ發ㄈ射ㄕ器ㄑ

GPS 衛ㄨ星ㄒ發ㄈ出ㄔ的ㄅ訊ㄒ號ㄏ，我ㄨ們ㄇ看ㄎ不ㄅ見ㄐ也ㄧ聽ㄊ不ㄅ到ㄉ；不ㄅ過ㄍ車ㄔ上ㄕ的ㄅ導ㄉ航ㄏ裝ㄓ置ㄓ有ㄧ接ㄐ收ㄕ器ㄑ，可ㄎ以ㄧ接ㄐ收ㄕ得ㄉ到ㄉ。

20000m

GPS 衛ㄨ星ㄒ，我ㄨ在ㄗ這ㄓ裡ㄌ！

GPS 又ㄧ叫ㄐ做ㄗ「全ㄑ球ㄑ衛ㄨ星ㄒ定ㄉ位ㄨ系ㄒ統ㄊ」。GPS 衛ㄨ星ㄒ在ㄗ兩ㄌ萬ㄨ公ㄍ尺ㄔ的ㄅ高ㄍ空ㄎ中ㄓ，繞ㄖ著ㄓ地ㄉ球ㄑ轉ㄓ，不ㄅ斷ㄉ的ㄅ對ㄉ著ㄓ地ㄉ面ㄇ發ㄈ射ㄕ訊ㄒ號ㄏ。

GPS 為我們帶路

天上有24顆 GPS 衛星,但每次只要接收到其中 4 顆的訊號,車上的導航裝置就能為我們帶路。

1 衛星向地面發射訊號。

2 訊號經過一段時間,被車上的 GPS 導航系統接收到。

3 導航系統根據時間的長短,算出自己和 4 顆衛星的距離。

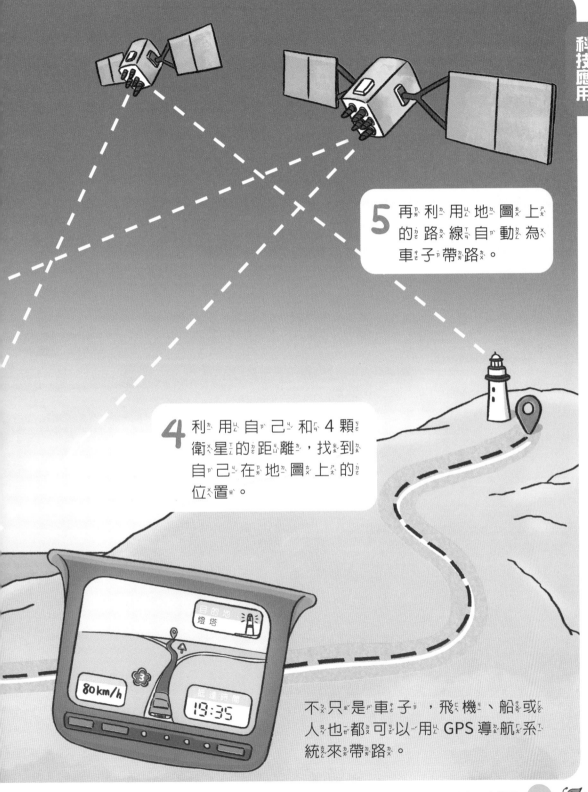

5 再利用地圖上的路線自動為車子帶路。

4 利用自己和 4 顆衛星的距離，找到自己在地圖上的位置。

不只是車子，飛機、船或人也都可以用 GPS 導航系統來帶路。

各式各樣的人造衛星

除了 GPS 衛星以外，人類還發射了許多不同的衛星，在高空中執行著各式各樣的任務。

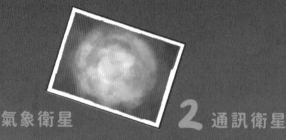

1 氣象衛星

能蒐集地球的氣象資料，在高空中拍下雲層、颱風的照片，幫助進行氣象預報。

2 通訊衛星

在高空中幫助人們傳送電話、傳真、電視節目或其他訊息。在無人居住的山區、沙漠或海面，可以靠它來聯絡。

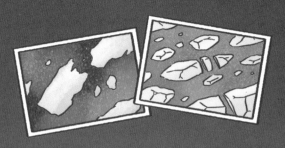

3 觀測衛星

可以拍照或記錄地球
表面發生的事情，像是
火山爆發、土石流或森
林火災。

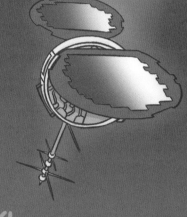

4 科學研究衛星

帶著科學儀器，在太空中
幫科學家蒐集太陽、宇宙
或地球的資料。

啊！原來北極
的冰山斷成一
截一截的！

都被空中的
人造衛星拍
下來了。

導航裝置來帶路　**117**

妙妙喵與跳跳蟲小劇場

：親愛的跳跳蟲，我回答了你這麼多問題，你總該有點表示來謝謝我吧？

：那我請你吃你最愛的爆米花和零食包！

：不然我來考考你，看你是不是都懂了？

：沒問題，儘管考。

：請問爆米花是怎麼來的？

：香香脆脆的爆米花，是用乾燥的玉米粒「爆」出來的。

：賓果！那為什麼有些零食包胖嘟嘟，有些卻瘦巴巴呢？

：胖嘟嘟的零食包是因為裡面充了氣體，可以保護又薄又脆的洋芋片不被壓碎。又瘦又扁的零食包，則是「真空包」。因為它的空氣全部被抽光，所以裡面沒有氧氣，就能保持食物新鮮。

：很好。那你知道世界上最冷的地方是哪裡嗎？

：答案是南極。南極比北極冷，所以企鵝的耐冷功力比北極熊更強。

：那麼，花朵為什麼會香？樹葉為什麼會變色？

：因為花朵的油細胞會製造「芳香油」。秋天和冬天的時候，大樹分解、回收葉綠素，葉子的黃色色素和紅色色素就會顯現出來。

：真是厲害！那麼最後一個問題，如果我們要從臺北搭車到高雄去玩，搭什麼車子會最快呢？

：這簡單，當然是高鐵！因為高鐵一個小時可以前進 300 公里，它是第一名！

：太棒了！看來你很認真學習啊！那東西趕快收一收，我們要去趕高鐵、出去玩了！

：耶，那我們快點出發吧！

知識讀本館

妙妙喵圖解生活科學 1

消失的便便

作者｜胡妙芬
繪者｜朱家鈺、呼拉王
責任編輯｜小行星編輯團隊、張玉蓉
版式設計｜蕭雅慧
美術編排｜李蕙如
封面設計｜陳宛昀
行銷企劃｜陳詩茵

天下雜誌群創辦人｜殷允芃
董事長兼執行長｜何琦瑜
媒體暨產品事業群
總經理｜游玉雪
副總經理｜林彥傑
總編輯｜林欣靜
行銷總監｜林育菁
主編｜楊琇珊
版權主任｜何晨瑋、黃微真

出版者｜親子天下股份有限公司
地址｜臺北市 104 建國北路一段 96 號 4 樓
電話｜（02）2509-2800 傳真｜（02）2509-2462
網址｜www.parenting.com.tw
讀者服務專線｜（02）2662-0332 週一～週五：09:00~17:30
讀者服務傳真｜（02）2662-6048
客服信箱｜parenting@cw.com.tw
法律顧問｜台英國際商務法律事務所・羅明通律師
製版印刷｜中原造像股份有限公司
總經銷｜大和圖書有限公司 電話：(02) 8990-2588

出版日期｜2021 年 8 月第一版第一次印行
　　　　　2024 年 9 月第一版第五次印行
定價｜320 元
書號｜BKKKC183P
ISBN｜9786263050471（平裝）
訂購服務
親子天下 Shopping｜shopping.parenting.com.tw
海外・大量訂購｜parenting@cw.com.tw
書香花園｜臺北市建國北路二段 6 巷 11 號 電話（02）2506-1635
劃撥帳號｜50331356 親子天下股份有限公司

國家圖書館出版品預行編目 (CIP) 資料

妙妙喵圖解生活科學. 1, 消失的便便/胡妙芬
文；朱家鈺，呼拉王圖. -- 第一版. -- 臺北市：
親子天下股份有限公司，2021.08
120面；17x23公分
注音版
ISBN 978-626-305-047-1(平裝)

1.科學 2.通俗作品

308.9　　　　　　　　　　110010286

本書全數篇章原刊載於親子天下
《小行星幼兒誌》的專欄〈小小探索家〉